一流を育てる

秋山木工の「職人心得」

家具職人・秋山木工代表
秋山利輝 著

現代書林

はじめに

私は神奈川県横浜市都筑区で、注文家具を作る「秋山木工」を経営しています。社員三十四名、売上高十億円の小さな企業です。百年でも二百年でも使える家具を、確かな技術を持った一流の家具職人たちで作り、提供しています。

そんな私たちの会社に、全国から、いや、時には海外からも、名だたる一流企業の経営者や幹部の方々が見学にいらしてくださいます。さらには、講演依頼、テレビ出演や取材の依頼も毎日のようにいただきます。企業だけではなく、内閣府や教育機関、病院、警察関係など、さまざまな分野の方々からもお問い合わせをいただきます。

このように、多くの方々が私たちに関心を持ってくださるのは、秋山木工の「一流の人育て」に注目していただいているからではないかと思うのです。

秋山木工では、一流の家具職人を目指す若者を育成するために、八年にわたる独自の人材育成制度を設けています。この八年間で、職人の心構えと生活態度、基本の訓練、段取り、心得、技術など、職人として必要なすべてを身に付け、九年目からは独立してもらいます。

私は、「一流の職人は技術より人柄」と信じています。ですから、修業の間は日々、

ちは、いくら技術があっても秋山木工では本物の「職人」とは認めていません。人柄が一流だと認めないう技術を磨くと同時に、人柄を磨く猛訓練を課しています。

少し厳しくはないですか、と問われることもありますが、私は「一流」とその他は明確に違うと考えています。人柄が一流でないとダメなのです。それも、超のつく一流でないと、仕事で人の心を動かすことなど、できるわけがありません。

私がこれまで四十年近くコツコツ「人づくり」をしてきたのも、本物の一流職人を育て、日本中、いや、世界中に「日本の一流」を送り出すためです。家具で人に感動してほしい、ものづくりで日本人の素晴らしさを伝えたい、世の中をよくしたい、そう思ってやってきました。

この私たち独自の人材育成の基本中の基本が、本書でみなさんにご紹介する『職人心得三十箇条』です。この三十箇条の中には、一流の職人、つまりは一流の人間を育てる「人づくりの基本」が凝縮されています。

私たち家具職人だけでなく、ビジネスマン、商売をされている方、学校の先生方、世の中で人と関わりながら生きているすべての方々のお役に立つと思います。ぜひ、みなさんのお仕事に、人生に役立てていただけたら幸いです。

秋山利輝

目次

『職人心得三十箇条』

結章　一流職人への道

序章

心が一流なら、技術も必ず一流になる

一流の職人を育てる

今から四十二前の一九七一年、私が二十七歳のとき、注文家具を作る「秋山木工」を立ち上げました。二十六歳で皇居の家具を作るお役目をいただくなど、家具職人としては最高潮のときに勤めていた会社を辞め、独立したのです。

最初は小さな仕事ばかりでしたが、悪戦苦闘しながら続けていくうちに、少しずつ大きな仕事を依頼していただけるようになりました。

宮内庁や迎賓館、国会議事堂、高級ホテル、百貨店、高級ブランド店、美術館、病院などから一般のご家庭まで、今ではさまざまなお客さまからご注文をいただき、納めさせていただいています。

創業当初は私を含めてたった三人だったスタッフも、現在では本社事務などを含めて、総勢で三十四人の会社となりました。

私は創業当初から、一流の職人をつくろう、自分の手で、ものづくりのスーパースターを育てようと決めていました。

「会社をつくるからには百年続く会社にする。世のため、人のためになる一流の人材を育てなければ百年は続かないぞ」

このように、二十代の若造だった私が、不思議と確信を持っていました。

それはなぜか。当時一九七〇年代の日本は高度成長の真っ最中、家具の業界ではカラーボックスが普及し始めた頃で、安くて便利な家具がいいというお客さまがたくさんいました。

片や昔ながらの家具職人はみんな気難しくて、いばっていましたから、どんどん仕事が減っていきました。お客さまもわざわざ高いお金を払って、気を使う職人には頼みたくないでしょう。

職人はこだわりが強くて、頑固だからいいんだ、なんて言われていましたが、その風潮をみんなが評価していたわけではなかったのです。

「お客さまに好かれる二十一世紀型の職人を育てない限り生き残る道はない」「遅かれ早かれ二十世紀型の職人は誰もいなくなる」、そう思ったのが確信の裏付けです。

二十一世紀型の職人とは、「人に気遣いができる職人」「感謝できる職人」「人のことを考えられる職人」「はいわかりました、やらせていただきます」と言える職人のことです。

つまり、人柄が一流の「できた職人」です。

秋山木工

独自の「職人研修制度」

秋山木工では、独自の「職人研修制度」を設けています。

家具職人見習いの若者を「丁稚（でっち）」と呼び、寮での集団生活を通して、基本的な生活習慣から本格的な木工技術までを学んでいきます。

江戸時代のものづくりの現場は、弟子が親方のところに住み込みで働く徒弟制度をとっていました。弟子たちのことを、関東では、坊主や小僧と呼びましたが、関西では丁稚といって、親方と生活を共にしながら技術と心を伝承し、一人前の職人になっていったのです。

私は奈良県・明日香村で生まれ、大阪で下積み修業時代を過ごしました。丁稚制度を若い頃に経験したことが、秋山木工の「職人研修制度」のベースになっています。

言ってみれば、私は世の中から丁稚制度が消えようとしていた時代に、丁稚の世界の最終電車に飛び乗って、親方に密着して技術を伝承するという遺伝子を受け継いだのだと思っています。

秋山木工で家具職人を目指す者は、まず秋山学校に入学し、「丁稚見習いコース」で一年間みっちり学びます。

　秋山学校は、職人を目指すための心構えと基本的生活習慣を身に付けることを目的とした全寮制の学校です。実習と研修で基本をしっかり学びます。学費は無料。全員に返済不要の奨学金制度を設けています。

　一年間の「丁稚見習いコース」を終了後、「丁稚」としての本採用となります。四年間で基本訓練、段取り、職人心得などを学びます。

　四年間の丁稚修業を経て、職人としての技術と心を身に付けた者だけが、職人として認められ、私から名前入りの法被（はっぴ）を渡されます。そこ（六年目）から八年目までの三年間、職人として働きながら、さらに修業を続けます。

「秋山学校」の一年間、丁稚の四年間、職人の三年間、合計八年間で、職人として必要なすべてを身に付け、九年目からは独立してもらいます。

　独立の仕方は人それぞれで、本人の選択に任せています。

　グループ内で独立したり、他の工房に就職して勉強を積む職人もいます。また、地元に戻って独立したり、自分自身が世界に通用するブランドとして活躍する職人もいます。

育てた職人を八年で独立させる理由

テレビでたびたび取り上げられている影響があるのかもしれません。ここ十年ぐらいは、人を募集すると、毎年、採用枠の十倍以上もの応募者がくるようになりました。なかには有名大学を二つも卒業したような若者が「弟子になりたい」と言ってきます。以前は、人を採用しようと思っても、高校の就職担当の先生に会ってもらえないときさえありました。

そういう若者をやっとの思いで一人前の職人に育てても、うちは八年で独立してもらうことにしているので、人が入れ替わるたびに売上が落ちました。ずいぶん借金もしました。

なぜ、やっと育てた職人を戦力とせずに、八年で辞めさせてしまうのか。周りからはずいぶん馬鹿だと言われ続けてきました。しかし、これには私なりの理由があるのです。

私の下にずっといたら、ここでしか活躍できない職人になってしまいます。世の中の役に立つ職人、何十年も何世代も使える本物の家具を提供できる職人を育てるのが私の役目です。職人を私物化し、私の手足として働かせてはいけないのです。

それに、入社して八年といえば、だいたい二十五～三十歳の伸び盛りです。

一流の職人として成長するためには、その時期にあえて別の環境に移って修業する必要があります。

だから、私の元を卒業して独立してほしいのです。

私自身も、二十七歳で自分の会社を興すまでに、四社で職人として勤めました。

新しい会社に移るたびに刺激を受け、知らなかった技術を覚え、給料も上がっていきました。

職人の退職にあたって、秋山木工では、できる限り手助けをします。

他の工房に移るときは、さらに成

長できるところを選びます。秋山木工の職人は、技術も人間性も高いので、どこも喜んで引き受けてくれます。

今までに、五十人を超える職人たちが秋山木工から巣立ちました。皆、家具職人として全国で活躍しています。世界で活躍している職人もいます。

そうやって巣立っていった職人たちが、今では一声掛ければいつでも手伝ってくれる強いネットワークになっています。

彼らの活躍が、私の一番の楽しみなのです。

徒弟制度は一流を育てる「仕組み」

技術は、繰り返し練習すれば、誰でも習得できます。しかし、心はそうはいきません。私が時代遅れのような徒弟制度にこだわり続けている理由は、ここにあります。集団生活を通してしか「思いやりの心」「人に気遣いができる心」「感謝できる心」が育たない、そう思っています。一番大事なのは「親孝行」です。「親孝行」ができない人は、職人にはなれません。

日本では昭和の初め頃まで、大家族が普通でした。祖父、祖母が一緒に暮らすのも当たり前。兄弟も多く、一つ屋根の下で十人以上が生活することも珍しくありませんでした。

目上の人を敬い、ルールを守り、兄弟姉妹の面倒を見るのは当たり前。和を乱さない、困ったときは、お互いに助け合う……。そういうしつけが家庭で自然とできていました。人に気を使わない限り、大人数で生活することなんてできません。

礼儀作法を教えるのは、おばあちゃんの役割です。箸（はし）の上げ下ろしから挨拶（あいさつ）の仕方、口のきき方まで、昔は小さな子どもでも人前に出して恥ずかしくない立ち居振る舞いを身に付けていたものです。

ところが戦後の高度成長を経て、日本では核家族化が進んでいきました。子どもも減った現代の家庭では、プライバシーが守られるメリットはありますが、親も十分なしつけを受けていないわけですから、当然、自分の子どもに十分なしつけや家庭教育ができるわけがありません。また、夫婦共働きも多く、子どもが好き勝手に振る舞っても注意する人がいません。

集団生活を経験したことのない人は気遣いができず、人のために動けません。それで、いざ大人になって、世の中に出て初めて、困ったことになる人が続出しているのだと思うのです。

私は、中学校を出てから、当時はもうなくなりかけていた徒弟制度を偶然にも経験しました。その五年間の集団生活で、家具を作る技術だけでなく、職人としての立ち居振る舞いや作法を教わりました。今の自分があるのは、間違いなく、徒弟制度のおかげです。

私は、自分が人として不器用なことを自覚していました。小学校、中学校では、私の成績はオール「1」でした。さぼっていたのではありません。小学校、中学校を通して九年間、ずっと皆勤賞です。でも、教室ではいつも立っていました。

私の名前は秋山ですから、出席番号も一番。国語でも英語でも、先生から最初に指されるのは私です。ですが、そのときの私は字が読めません。じっと黙っていると、

「立っていなさい」と言われるのです。家が貧しく、ノートも鉛筆も持っていなかった私が自分の名前を漢字で書けるようになったのは、中学二年のときです。

勉強はできなくても足が速いとか、音楽が得意とか、何かありそうなものですが、私は中学校を卒業するまで跳び箱も超えられなかった。運動神経ゼロ、走ったら周回遅れ、絵を描くのも下手、しゃべるのも下手。そんな私が十六歳で大阪の木工所で働けることになったのです。私は親方のすべてを尊敬し、親方の言うことが一〇〇%だと思って聞いていました。

プロの技術を自分のものにするのは容易ではありません。

しかし、住み込みで二十四時間、寝食を共にし、一挙手一投足を見逃さないようにと夢中でついていくうちに、吸い取り紙のように技術を吸収し、腕を上げていくことができました。厳しい親方でしたが、教えていただけることをありがたいと思いました。その心から感謝が生まれ、人間性を磨いていただいたと思います。

また、そんな環境には自分が願ってもなかなか出合えるものではありません。ここに至るまでの道をつくってくれた両親と、周りの方々には感謝するしかありません。

だから、私は今を生きる若者たちにもこのことを教えたいのです。

一流の職人になるには、自分のちっぽけなプライドは置いておいて、まず、親方の言っていることを丸飲みする素直さが必要です。そうでなければ伸びません。

そして、技術はもちろん、人間的にも成長し、感謝の心を身に付けなければいけません。素直さと感謝がなければ、人は成長できません。弟子たちには、「親孝行をしたい、親を喜ばせたいと思わなければ一流の職人にはなれないよ」と言っています。

私は生活態度も含めて、弟子にはしつこく指導します。おせっかい、図々しい、しつこい、この三つは誰にも負けません。誰でも成長し一流になれる芽を持っているのです。でも、それはしつこく言わないと発芽しないのです。

秋山木工の評価基準は、技術力が四〇%、人間性が六〇%。私が育てたいのは、「できる職人」ではなく、「できた職人」です。「できた職人」とは、常にお客さまを喜ばせたいと思う心を持った人、不測の事態が起こっても、堂々と自信を持ってその場を乗り切れる判断力を持った人。お客さまとスムーズに話せるコミュニケーション力を備えた人。家具や材質について、どんなお客さまともしっかりお話ができる人のことです。そんな「できた職人」を育てるには、徒弟制度が一番いいのです。

二十四時間一緒にいれば、親方や兄弟子が何をどうやるか常に観察できますし、技を盗むこともできる。弟子同士がお互いに教え合い、助け合うこともできます。師匠が手本を示すと、それを見ている弟子は同じように育つのです。この「仕組み」なら、技術と心、そのすべてを教えられるのです。

心が一流なら、技術も必ず一流になります。

入社したら男も女も丸坊主。携帯電話、恋愛は禁止

「秋山学校」に入学を希望する者には、最初の十日間で挨拶の仕方、自己紹介、お茶の入れ方から電話のかけ方まで、いろいろなことを訓練して、テストします。

一番大切なのは「人に気遣いできること」です。「人を感動させる人になれるかどうか」が重要なのです。これらができなければ「秋山学校」には入学できません。

秋山木工では職人を目指す丁

稚見習いと丁稚に「十の規則」を課しています。

・自己紹介がきちんとできないと入社できない

名前、出身地、卒業した学校、家族構成、八年後に独立するときの自分の姿、なぜ秋山木工に就職したのか、将来の夢。これを一分間で完璧に言えるまで、何度も練習する。

・「秋山学校」に入学を許可されたら男も女も丸坊主になる

丸坊主になるのは、これから始まる五年間の厳しい「丁稚」修業に身を投じる覚悟を決めるため。生半可な気持ちではやり抜くことはできない。

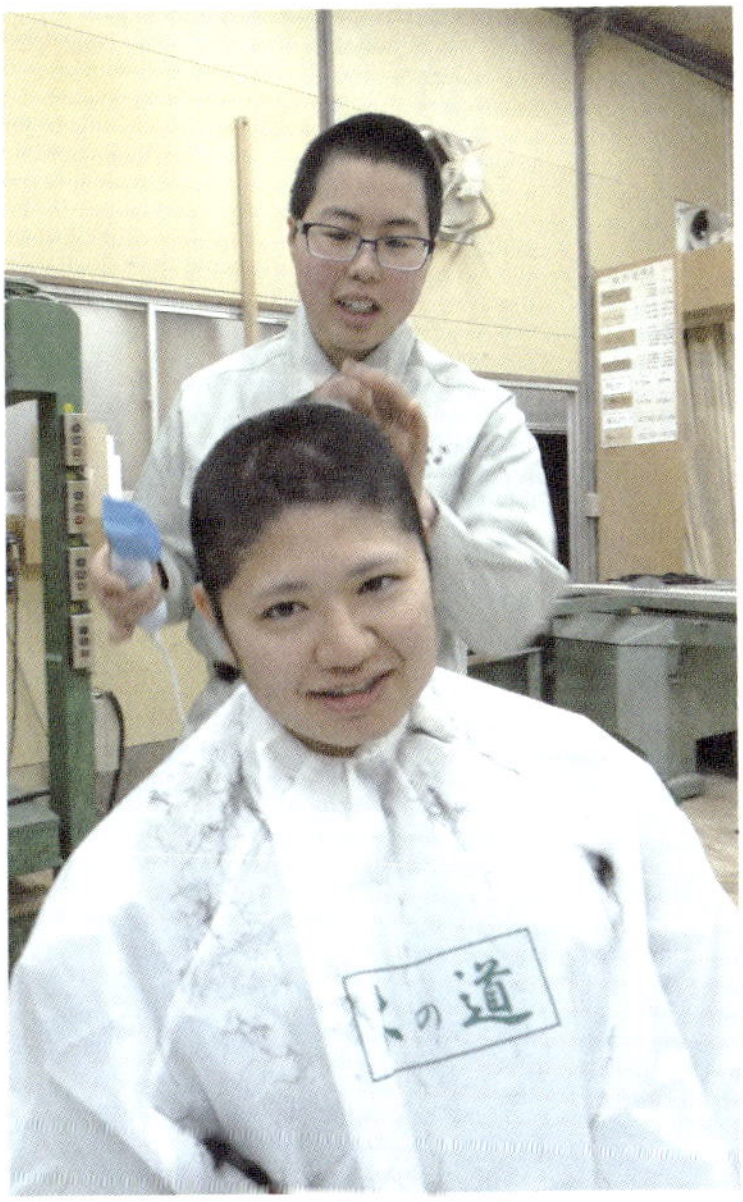

・携帯電話は禁止。連絡手段は手紙だけ

携帯電話で話すのはもちろん、メールも禁止。代わりに手紙を書く。文字を書くことも訓練の一つ。お客さまに礼状ひとつ書けなくては仕事が務まらない。

・家族と会えるのは、盆・正月の帰省時のみ

一年のうち修業から解放されるのは盆と正月の十日間だけ。この期間以外、たとえ両親であっても面会は禁止。心の緩みは修業の妨げになる。

・親からの仕送り・小遣いは禁止

苦労して稼いだ給料から職人の命である道具を買ってこそ、愛情を込めて大切に使うことができる。仕送りで立派な道具を手に入れても感動はない。

・研修期間は、恋愛は絶対禁止

恋愛が発覚すれば即刻クビ。一生の技を身に付けるため、五年間は一流の職人になること以外は考えずに、修業に専念。

・朝はマラソンからスタート

マラソンは毎朝、全員参加で行う。町内をぐるりと一周、約十五分かけて走る。気が引き締まり、みんなで一緒に走ることで連帯感も養える。

・食事はみんなで作る。好き嫌いは一切禁止

食事の準備・後片付けは基本的に一、二年目の弟子が行う。食べ物の好き嫌いは仕事や人の好き嫌いに通じる。そのためにも、苦手をなくすことが大切だ。

・仕事始めは掃除から

町内の掃除、工場の掃除、機械の掃除、車の掃除、倉庫の掃除。心を磨くつもりで清掃してから仕事を開始する。

・朝礼で『職人心得三十箇条』を唱和する

一流の職人とはどんな職人なのかをいつも忘れず、頭に置いておくため、毎朝必ず全員で唱和する。繰り返し唱えることで、潜在意識レベルにまで落とし込む。

ここまで厳しくするのは、一流職人としての基礎づくりに集中するためです。この若いときの八年間の修業が、生涯にわたって自分を支えてくれるのです。

今年、平成二十五年で七十歳になった私も、朝のマラソン、食事、掃除、すべてに参加します。社長ですから当然のことです。私自身、彼らと始終一緒にいることで、何か問題があればすぐに気づけます。

たとえば、食事を一緒に食べるときは、食べ方も見ています。気づいたことがあれば、すぐに叱ります。

私は、弟子たちを大切な家族と同じだと思っています。だから、少し厳しい言葉もしつこく言って、立派な大人に育てたいのです。

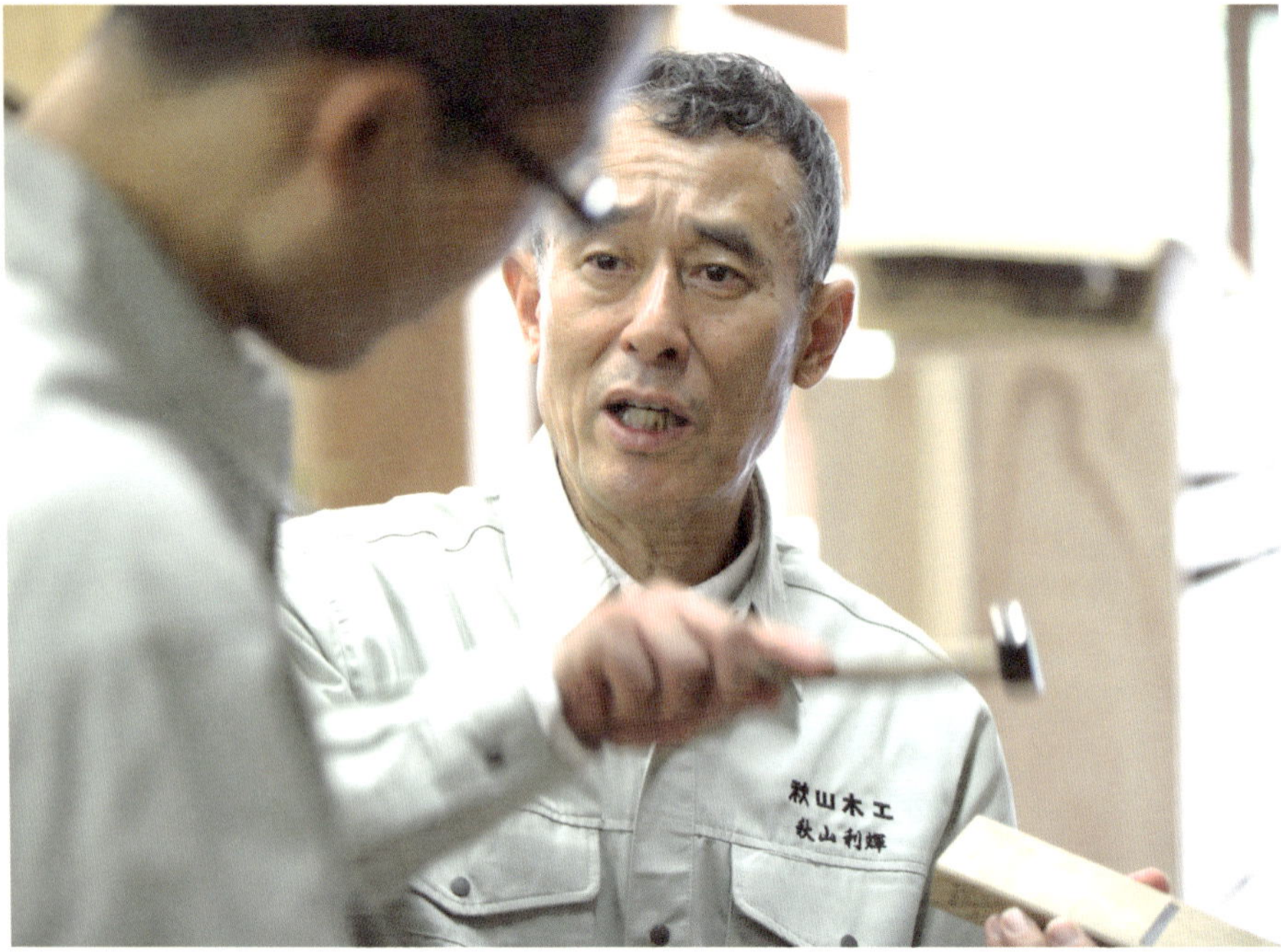

もしかしたら、この先、お客さまのところで食事をご馳走になる機会があるかもしれませんから、きちんとした食事のマナーは必要です。普段から一緒に食事をしていれば、食べ方にも注意することができます。

掃除やマラソンも、私がいるといないとでは、現場の雰囲気はまったく変わります。「今日は社長、来ないのかな」と思って油断するのは、普段から怠けている子です。

タラタラしていたりボーっとしている子には「このバカタレ」と必ずカミナリを落とします。それがだんだんわかってくると、どんなときもピリッとした空気が流れるようになります。彼らが根負けするまでしつ

こく注意し、叱り続けるのも私の役割です。

「こいつを何とか一人前にしたい」と本気で思っているから叱れるし、カミナリも落とせるのです。

そのことで、もしかしたら親が怒鳴り込んでくるかもしれない。でも、本心から育てたいと思っていれば、叱ることができる。その覚悟がリーダーとしての自分にあるかどうかです。

「今どき、徒弟制度なんて誰もついてこないだろう」と、始めはずいぶん言われました。でも、秋山木工には国立大学や有名私立大学を卒業したような若者、社会経験を持った若者もたくさん応募してきます。

職人になりたい、仕事で感動したい、お客さまを感動させられる人になりたい、親をびっくりさせたい、と弟子入り志願してくる若者は実際に大勢います。

そうやって育てても、途中で辞めていく子はいますが、彼らも本気でやった揚げ句の決断ですから、「この経験は必ず役に立ちます。秋山木工にいさせていただいてよかったです」と言ってくれます。ご両親もそうです。「使っていただいてありがとうございました」と。こちらも本気で接しているから、心が通じ合えるのです。

もちろん、厳しさだけでは現代の若者はついてこられません。うちでは月に一度、すき焼きコンパをするのが恒例です。みんなで同じ鍋をつつくのですが、これにも意味があります。

「お前、先に食べろよ」と、相手を気遣う雰囲気が自然と生まれますし、時には、「お前の風邪が俺にもうつるだろう」と兄弟子にパカーンとやられたりして、本当の兄弟のようになって仲間意識をつくるいい機会になっています。

私が両親や祖母の役割まで務め、二十人以上の兄弟、姉妹がいる。そうした温かい信頼関係をつくらないと、大事なときに言葉が伝わっていかないのです。

一流の根っこをつくる『職人心得三十箇条』

仕事の始まりは朝礼です。

「おはようございます！」

「ありがとうございます！」

大きな声で基本の挨拶をする練習から始まり、一日のスケジュールを確認し、そのあと全員で『職人心得三十箇条』を唱和します。

秋山木工の『職人心得三十箇条』とは、職人としての心構えを説いたものです。

この三十箇条は「○○のできる人から現場に行かせてもらえます」という形式になっています。

「現場に行かせてもらえます」というのは、すなわち「仕事をさせてもらえる」ということです。美容室でいえば「髪を切らせてもらえる」、お医者さんなら「診断をさせてもらえる」、料理人なら「お客さまに出す料理を作らせてもらえる」、役者なら「舞台に立たせてもらえる」と、置き換えればわかりやすいと思います。

入社するとすぐ全員に、『職人心得三十箇条』を筆書きしたB４サイズの紙を渡します。その紙を見なくても、一言一句、間違えずに言えるようになるまで暗記させます。

「職人心得」には、「心」がついています。

全員が暗記したころ、一年目の弟子たちに「心」を作るように指示します。私の作った「職人心得」に研修生たちが考えた心得の意味、つまり「心」を添えることで、言葉の真意をより深く理解できるのです。

『職人心得三十箇条』のもとができたのは、今から三十年ほど前、会社設立から十三年目くらいのころです。

その年は、それまでで一番多い八人の弟子が入ってきました。「こいつらを何とか一人前にしたい」「何とかしないと」と、夜も眠れないほど考え続けていたら、不思議とその月の目標の言葉が、パッと脳裏に浮かぶようになったのです。まるで、天から言葉が降ってくるような感覚です。

たとえば、こうです。ある年の四月の大目標を「全員、助け合って最後までがんばりましょう」と決めました。小目標は大目標を達成するために、具体的な目標に落とし込みます。

こんな感じです。

1　常に一〇一%の力で物事に取り組む
2　お掃除することにより、心を磨く
3　両親、仕事を教えてくれる親方、職人さんに感謝し、尊敬する
4　道具の手入れをする　～自分の手足になってくれるように～
5　作業内容を理解しておき、次のことも考えながら動く
6　お客さまが気分よくなれるよう、与えられた作業は終えるまで責任を持ってやる
7　お客さまへのお礼と挨拶をする

このように「大目標」を掲げて、さらに「小目標」を具体化します。それらを各自が詰めて実践していくのです。この大目標と小目標を朝礼で唱和しました。

秋山

一年間続けてみたところ、数え切れないほどの目標ができました。目標を毎日唱和して、実践を続けていると、驚くほど成長できたことに気づいたのです。

それらを整理し、さらに数年間実践していくなかで体系化したのが今の『職人心得三十箇条』です。

この三十箇条を見てみると、どれも昔の大人が言っていたような基本的なものばかりだということに気づきます。結局、日本人として当たり前のことを大切にすれば、心は育ち、人間性が磨かれ、日本人の遺伝子ともいえる何かが彼らの中で目を覚ますのだと思います。

『職人心得三十箇条』は毎日唱和します。一年、三百六十日間として、一日一回で三六〇回。秋山学校の一年間、丁稚修業の四年間、職人修業の三年間の計八年間、一日一回この『職人心得三十箇条』を唱和したとして、三六〇回×八年間、二八八〇回を唱和することになります。

秋山木工にはお客さまが絶えずいらっしゃいます。丁稚たちはお客さまの前で『職人心得三十箇条』を暗唱します。

たいてい一日に三、四回は暗唱することになりますから、実際には八年間で一万回は暗唱することになります。ここまで何度も繰り返し唱和すれば、無意識にできるようになります。

一回では忘れてしまうことも、一〇〇回、二〇〇回と繰り返せば何とかなるものです。毎日毎日唱和して、心に落とし込み、血肉となっていくと、考えずとも口に出るようになります。すると、行動に出るようになるのです。

とっさのことが起きたとき、困ったことが起きたときも、常に『職人心得三十箇条』を行動の軸にして対応することができます。ブレない自分がつくれます。

ここまでやって初めて、本当に「身に付いた」といえるのです。

すると、ほとんどのことは解決できるようになります。あとは、親方である私や、先輩と一緒に仕事をしていれば、自然とお客さまが望む以上のことができるようになっていきます。

礼儀、感謝、尊敬、気配り、謙虚な心、人として大切なこと……、人づくりの基本が、『職人心得三十箇条』には詰まっているのです。

職人の道具

かんな

私が十六歳のときから使っているこのカンナは、親方から初めてもらった給料千五百円をはたいて買ったものです。

昔、このカンナで、一週間、桜の木を引き続けたことがあります。桜は硬くて、とても腕の力だけで削れるものではありません。慣れないうちは、すぐに手が言うことをきかなくなりました。仕方なく、手にカンナをくくりつけ、何日もかかって、体ごとカンナを動かすコツを覚えた記憶があります。

道具を使いこなすには、経験が必要です。手のひらにカンナの刃がついている感覚になるまでひたすら使い込むしかありません。しかし、同時に気合も大切です。へその下にグッと力を入れて引き、シューッといい音がしたときの木肌の美しさ、手触り、香りは格別です。

『職人心得三十箇条』

職人心得

1

挨拶のできた人から現場に行かせてもらえます。

気持ちのよい挨拶は、人を笑顔にします。
積極的に挨拶をすることで、
周りを活気づけることができます。

人の第一印象は、会った瞬間の挨拶で決まります。相手も自然に笑顔になって挨拶を返してくれるような、大きな声で、元気で明るい挨拶が一流の職人への第一歩です。

職人は、ものづくりでお客さまに感動していただくことが仕事です。人前できちんとした挨拶もできないのは、道具を忘れて現場に行くのと同じことです。決してお客さまに信頼していただくことはできません。

その挨拶も下を向いて、ぼそぼそと「おはようございます」と言うのではいけません。耳を近づけないと聞こえないような小さな声では相手に気を使わせるだけ。

心を込めて、相手の目を見て、大きな声で、きちんと挨拶ができるまで、徹底して練習を繰り返します。

最初は上手にできなくても、全力で挨拶の練習を続ければ、一カ月後には気持ちのよい挨拶ができるようになります。

気持ちのよい挨拶のできる人は、気持ちのよいコミュニケーションをとることができます。

職人心得

2

連絡・報告・相談のできる人から現場に行かせてもらえます。

情報を共有することで、
周りも自分もスムーズに作業が進みます。
また、周りの人に安心していただけます。

「連絡・報告・相談」は、会社の一員として仕事をやっていくうえでの基本です。

常に、「連絡・報告・相談」をすることで、今の自分のお役目を明確にすることができます。指示を出した方に安心していただき、何かあったときにすぐ対処することができます。

「連絡」は相手にわかりやすく、すみやかに行います。

「報告」は正確で具体的に行います。「だいぶ」「たぶん」「そのうち」などのあいまいな言葉では伝わりません。

「相談」は何かあったら、重要なポイントをしっかり把握して、すぐに相談します。

何か問題が起きたとき、自分勝手な判断はご法度です。仕事は自分の好き勝手にやるものではありません。自分で「始末」をつけようとすると、問題は必ず大きくなります。

私の会社では、何かあればすぐに手を打てる態勢をつくっています。その始末の速さを見て、お客さまが喜んでくださいます。「あの会社に頼んでよかった」と、安心していただけることが大切です。

職人心得

3

明るい人から現場に行かせてもらえます。

いつも明るくしていると、自然に周りも明るくなります。また、人が集まりお仕事がいただけます。

私は、声の大きい、元気な社員から、現場に連れていくようにしています。

無愛想で暗い人は、人に気を使わせてしまいます。人は、嫌な顔をした分だけ、美人・男前ではなくなります。周りを暗くするのは一瞬なのです。

一人でも暗い職人がいると、現場も暗くなり、仕事の効率が下がってしまいます。だから、自分の機嫌は自分で取り、いつも機嫌よくしていることが大切です。

でも、周りを明るく元気にするのは、自分のパワーを全開にしても容易なことではありません。あれこれ考えてしまうより、「バカになれ！」と私はいつも言っています。

プライドは、一度捨てて馬鹿になる。馬鹿になれるとは、要は素直で謙虚ということです。頭をからっぽにして、人のやっていることと、言っていることを見て、聞くのです。

すると、ありがたさがにじみ出るような笑顔で、「はい！　わかりました！」と返事ができるようになります。

馬鹿になれれば、明るくすることぐらい簡単です。

職人心得

4

周りをイライラさせない人から現場に行かせてもらえます。

その場の空気を感じ取り、相手の目線で考え、素直に行動に移すことで、自分の人間性も高まります

周りをイライラさせる人とは、いつも自分中心で、周りに気を配れない人のことです。

自分の気分をよくすることが最優先で、相手の立場に立って、ものを考えられない人間が、お客さまに気配りできるわけがありません。

ものづくりは人のためで、自分のためではありませんから、そういう人はまず職人には向きません。

人に気を使うのは疲れると思うかもしれません。ですが、身に付けばこれほど楽しいことはありません。

相手に喜んでもらうために必死で考えを巡らせ、自分が持っているものをすべて出し切ったとき、相手が感動してくれます。それだけでなく、自分にも、ものすごい感動がやってきます。

一度、この感動を味わうと、もっと人に尽くしたくなります。

その場の空気を感じ取り、相手の目線で考え、行動するのです。

自分の立場に固執して、屁理屈をこねた分だけ、人は離れていきます。

素直な心で努力した分だけ、技術と人間性が高まります。

職人心得

5

人の言うことを正確に聞ける人から現場に行かせてもらえます。

指示された内容を正確に理解し、素直に行動に移すことで、自分の人間性も高まります。

お客さまが望んでいらっしゃる以上のものをお届けするのが、一流の職人の務めです。

そうなるためには、人の言うことを正確に聞くクセをつけないといけません。私は「聞き耳を訓練する」と言っています。

普段から相手を喜ばせようと思っていると、自然と人の話を真剣に聞くようになります。お客さまの生きてきた時代背景から、文学、歴史、専門分野の知識、趣味の世界に至るまで、真剣に聞くクセがつくと、正確に聞けるようになります。正確に聞けると、正しいものが身に付いていくのです。

その積み重ねの結果、あらゆるお客さまを理解する能力が高まっていきます。相手にも「この人ならわかってもらえる」と、安心感を持っていただけるようになります。

細かい説明がなくても相手の言いたいことがわかり、注文主がどんな著名な方であろうと臆することはなくなります。

ついには、どんなものを作ればこの方をびっくりさせられるか、五分も話をすればわかるようになるのです。お客さまのご希望がわかって、てきぱき仕事ができる職人になれます。

職人心得

6

愛想よくできる人から現場に行かせてもらえます。

いつも愛想よくしていると、周りの方々に気持ちよくお仕事をしていただけます。

ムスッとして愛想の悪い職人は、私の知る限り仕事が下手です。威張っている職人もまた、一流ではありません。

忙しいときこそ愛想よくして、目の前のことに全力を出し切る人こそ、職人として一流です。

親方に怒鳴られようが、はたかれようが、ニコニコと愛想よくして感謝していると、教えてもらうことができます。その分、仕事がどんどんできるようになります。

お客さまに愛想よくすれば、相手が気持ちよくなり、もっと仕事を頼まれるようになります。

仲間に愛想をよくすれば、みんなの集中力が上がったり、いいアイデアが出てきたりします。短時間で大きな成果が挙げられるようになります。

愛想がいい人は、いろいろな現場、打ち合わせの場面、勉強会、講演会、美術展などに連れていってもらえ、いろいろな人と会わせてもらえます。

愛想よくした分だけ、成長できるのです。

職人心得

7

責任を持てる人から現場に行かせてもらえます。

責任を持って仕事をすると、
緊張感が生まれ、
集中して取り組むことができ、
そして自分の技術力も上がります。

どんな結果も自分の責任だと思ってやらないと、感動も、喜びも味わえません。

責任を持つとは、いざというときに逃げないことです。

どんな小さなこともいい加減に終わらせない。困ったときこそ、自分と真剣に向き合い、最後までやり遂げる。周りのミスはすべて自分の責任。ものの配置一つ、状況を把握するのも責任、そう考えると責任はどこにでも転がっているのです。

ただし、気負い過ぎるのはよくありません。自分のレベルを知らずにむやみに責任を持つのは事故のもと。ここで自分の株を上げようなんて勝手なことをすると、周りにも迷惑がかかります。

私は、「いつも一〇一%の責任を持て」と言います。全力の一〇〇%よりも、一%プラスした力で物事に取り組むのです。

これをコツコツ積み重ねていけば、いざというとき必ず突破口が開ける一流の力がついていきます。

自分の責任の範囲内で、悪い結果も、よい結果もすべて引き受け、最善の対処をしているうちに、たくさんのことをやらせてもらえるようになります。人間力も高まります。

職人心得

8

返事をきっちりできる人から現場に行かせてもらえます。

わかっているのかいないのか、
はっきりと意思表示をすることで、
仕事のミスをなくします。

秋山木工では、私や兄弟子から言われたことに対しては、「はい、わかりました」。お客さまに言われたことには、「はい、わかりました。やらせていただきます」まで言って初めて、〝返事〟としています。

いつでも「はい」と元気な返事ができる人は、常にスタンバイができている積極的な人です。プロを目指すなら、常に戦いモード全開で、自分の能力を一〇一％出し切る姿勢がなければ、絶対に一流にはなれません。

すぐに返事のできない人は、仕事がいいかげんです。

適当な返事をする人は、心のこもったいい仕事はできません。

はっきりと意思表示せずに生返事をする人は、あとから問題を起こします。言った、言わないで口論になったり、揚げ句の果てには「説明が悪かった」などと、現場に混乱を起こしたりします。

一流の職人は、返事も一流でなければなりません。

そのためには、「聞き耳」を使って、相手の言った言葉をしっかり理解することです。

きっちりとした返事は、間違いのないものづくりの第一歩です。

職人心得

9

思いやりのある人から現場に行かせてもらえます。

常に相手のことを
自分のことのように考え、
行動することが大切です。

相手の立場に立って、ものを考えられるかどうか。この思いやりの心のない人は、よい職人にはなれません。

たとえばレストランで、店員を待たせたまま注文を考えているようでは、相手への気遣いがありません。「お金を払うからエライ」というわけではないのです。このような態度は相手に失礼なだけではなく、周りの人の気持ちまで暗くします。決して人柄がいいとはいえません。

こういう人柄の悪い人は一流にはなれません。一流とは、どんな立場であっても、相手の立場を想像できる人です。

カンナやノミは、手入れをしただけ応えてくれます。反対に、使っている道具への思いやりがなければケガをするのは自分です。そのつけはそっくり自分に返ってくるのです。

思いやりなしに、いい仕事はできません。

どんなときも自分より相手を思いやる。自分の都合ではなく、すべて相手の都合に合わせて行動する。思いやりの心のある人間は、人から愛されます。思いやりのあるきれいな心を持った人は、人の心を動かす仕事ができます。

職人心得

10

おせっかいな人から現場に行かせてもらえます。

相手のためを思うなら、嫌がられても、言うべきことを言ってあげることも大事です。

おせっかいというと、相手が望んでいないのにやることのように思われています。しかし、相手のためを思い、本気で必要だと思えば、それは余計なお世話にはなりません。

最近は上司であっても部下の面倒を見ない人、ミスを犯しても放っておく人がいます。人が困っていても知らん顔の人もいます。しかし、そのように人に無関心ではいけません。

人は、誰でも能力を持っています。でもそれは、しつこくおせっかいを焼いたり、叱ったりしないと、芽が出ないこともあるのです。

だから私は、一〇〇回でも二〇〇回でも、本人が気づくまで、しつこくおせっかいを焼きます。秋山木工では先輩が後輩におせっかいをしないと、兄弟子として評価しません。

おせっかいをすることは、されるよりも、エネルギーと勇気が何倍も必要です。

それに、相手をよく見ていないと、的確なおせっかいはできませんから、時間もたくさん費やします。

おせっかいをしていただけるのはとてもありがたいこと、そう思える人は成長できます。

職人心得

11

しつこい人から現場に行かせてもらえます。

限界を決めず、
技術も人間性も
とことん追求していくことが大切です。

自分が仕事で一流になりたいなら、上司や先輩に、しつこいくらい、ついていくことです。

ダメだと言われても、「もう一回やらせてください」と言えるかどうか。正攻法でだめなら知恵を絞って、仕事を教わる糸口を見つけて、食らいついていくことです。

「しつこい」ということは、物事に対して「あきらめない」ということです。「あきらめない」ということは、「思いの深さ」でもあるのです。

うまくいくまで手を替え品を替え、しつこくやり続けることが成功するためのもっとも確実な方法です。

途中であきらめたら失敗、あきらめなければ成功です。

今の自分に満足せず、もっと高い自分を追いかければ、人は必ずしつこくなれます。「自分がどうなりたいか」を強く思うことで、無限にある自分の隠れた力と出合うことができます。

「繰り返し繰り返し、一つ事をやり抜くしつこさ」「一つ事を、心を込めてやり続けるしつこさ」。この「しつこさ」こそ、一流の条件です。

職人心得

12

時間を気にできる人から現場に行かせてもらえます。

時間は止まってくれません。
今できることを考え、
一瞬一瞬を無駄にしないことが大切です。

いつでも時間を気にしている人は、先に進める人です。時間は永遠ではありません。人は生まれた瞬間から、一秒ずつ死に向かって時を刻み始めます。その自覚があると、のんびりなんてしていられません。

修業できる年月は限られています。でももし、二倍のスピードで修業ができたら、一年で二年分の成長ができます。もし、四倍のスピードで修業ができたら、一年で四年分の成長ができます。

一日二十四時間はすべて自分の時間です。ぼーっとしている時間など一秒だってありません。

「仕事かつ勉強」のつもりで、毎日をド真剣に生きるのです。すべての事にフル回転、後悔しないでやり切る人だけが、一流になれる人です。

「たった一日」「たった一時間」「たった一分」「たった一秒」くらいいいだろう、と思う人は成長できない人です。なぜなら、この「たった～」が積み重なり、雲泥の差となるからです。

時間を大切にする人は、常に現場に行く準備ができています。だからいつでも時間厳守で、約束を守れるのです。

職人心得

13

道具の整備が
いつもされている人から
現場に行かせてもらえます。

道具の整備をしていることで、
すぐに仕事に取りかかることができます。
また、道具は一生自分を助けてくれる相棒です。
整備することで感謝の気持ちを表します。

できた職人は、誰よりも早く現場に来て準備万端、スタンバイができています。仕事を終えると、きちんと整理してから帰ります。

道具は常に使える状態、最高の状態にしておくことが必要です。いつでも仕事をする準備ができているから、すぐにスイッチオンになり、一〇一%の力を出せるのです。

手入れを一日さぼれば、その日の仕事ぶりに影響します。道具の手入れが悪いと、緻密（ちみつ）な作業ができません。時間の無駄が多くなり、なまキズも絶えません。

道具はかわいがれば、その分だけ応えてくれます。

かわいがるうちに、道具への信頼がわき、自然と動きが機敏になり、きれいに仕上げられるようになります。それに、道具も長持ちします。私の道具箱には、五十年以上連れ添ったカンナやノミがいくつもあります。

道具が常に整備されていれば、現場を見て、何の道具が必要なのかすぐにわかり、段取りよく仕事ができます。

道具を自分の手足のように使えるようになれば、一流の職人です。

職人心得

14

掃除、片付けの上手な人から現場に行かせてもらえます。

掃除、片付けは
仕事の最後の仕上げであり、
次の仕事の段取りにつながるので大切です。

掃除をきちんとする人は、仕事が上手です。

掃除とは九割が片付けです。不要なものは捨てて整理し、身の回りのものをきれいに整え、整頓(せいとん)しておくことが大切です。ほうきでゴミやほこりを掃くのは最後です。

掃除がきちんとできていると、自分の作った家具をよく見せることができます。

どんなに家具の出来がよかったとしても、ホコリだらけの家具を届けられて嬉しい人はいません。扉や引き出しの中に木屑が残っていないか、表だけではなく、裏まできれいに拭いてあるか。一点の曇りもない最高の状態でお届けすることが大切です。

きれいにしたつもりでもそう見えないのは、掃除の段取りがわかっていないからです。段取りを体で覚えるには、徹底して掃除の訓練をします。早朝のご近所の掃除から始まり、工場の掃除、寮の掃除、トイレ掃除、機械の掃除、車の掃除。自分自身をいつも風呂上がりのように、清潔にしておきます。

感謝し、ねぎらう気持ちで掃除をすると、心が磨かれていきます。掃除をした分だけ、技術と人間性が高まります。

職人心得

15

今の自分の立場が明確な人から現場に行かせてもらえます。

今の自分の立場をわきまえ、何をすべきかを考えて、素早く行動することが大切です。

立場を忘れて努力を惜しんだり、不満をもらしたりしている人は、大事なことが身に付きません。

反対に、立場をわきまえ、徹している人は、必ず指導者が見ていて手を差し伸べます。

親方は戦国時代の武将と同じで、自分が動きたくてもじっとがまんして全体の状況を把握し、無駄もやり残しもないように、的確な指示を出すのが立場です。職人は、出された指示を素早く正確に行うのが立場です。

親方と職人は立場が違います。お互いの立場を守れば、レベルの高い仕事ができます。

お客さまに対しては、親方も職人も、品物を注文していただき、作らせていただいているという立場では同じです。このことを忘れず、お客さまに尽くすことです。

立場には、いろいろな立場があります。絶えず自分の立場を考えていると、自然と相手が望むことが見えてきます。すると何をすべきかがわかるようになります。

立場が、人を育てるのです。

職人心得

16

前向きに事を考えられる人から現場に行かせてもらえます。

これからどうなりたいのか考え、どんなことでも前向きに取り組むことで、必ず成長できます。

人は、やりたいと思う分だけ、やれます。「〇年後の自分は一流プレイヤー！」、将来の自分を総天然色でイメージできれば、それは現実になります。

人には、能力を高めようとする分だけ、難題がおとずれます。「自分には無理です」と言う人には、「お前のＤＮＡを信じろ」と話します。なぜなら、人はみな、才能ある遺伝子を持って、この世に生まれてきているからです。

十世代前の三百年前までさかのぼると、一〇二四人もの祖先がいます。その中の誰か一人でもいなければ、今の自分はいない。今を生きる自分には、運と才能のある遺伝子があるのです。

自分がスーパースターになるために、骨惜しみをしないで自分の持っている能力を一〇一％出し切る。難題と向き合い、自分を高め、世のため人のために生きる。それが、人として一番楽しいことです。

ほとんどの人は、自分のＤＮＡの一〇〇〇分の一の才能も使えていません。それは、もったいないことです。

自分のＤＮＡを最大限に発揮する。この思いがあれば、どんなときでも、明るく前に前に、自分を成長させることができます。

職人心得

17

感謝のできる人から現場に行かせてもらえます。

周りの方に
支えていただいていることに感謝し、
行動することが大切です。

感謝の心を持つことは、職人としての基本です。

感謝は、言葉に出すことが大切です。心で思っていても、口に出さなければ相手に気持ちが伝わりません。

両親に感謝する。自分の家族に感謝する。自分の子どもに感謝する。仕事を教えてくれる社長、親方、先輩に感謝する。仕事をさせていただけることに感謝する。

感謝すると、お礼の言葉を言いたくなります。

ほめていただいたことには、「ありがとうございました」と口に出して感謝する。

感謝の言葉は、周りの人を温かな気持ちにします。感謝した分だけ、人間性が高まります。

忙しいとき、人よりいっぱい役目をもらっているのだと感謝する。

感謝した分だけ、技術が高まり、先に進めます。

怒られても、石にけつまずいて転んでも、謙虚でいられる。

いいことも、悪いことも、すべてのことに感謝できる人は、たくさん学べて、成長できる人です。

職人心得

18

身だしなみのできている人から現場に行かせてもらえます。

身だしなみの乱れは心の乱れです。
社会人のマナーとして、
また、安全に作業するために大切です。

身だしなみは、社会人としての最低限のマナーです。職人は、足の先から、頭のてっぺんまで、気を使ってきっちりと身だしなみを整えて現場に行くことが大切です。

秋山木工の職人と丁稚は、おそろいの作業着を着ています。胸のところに社名とフルネームが刺しゅうされています。作業服を着ている一人ひとりが、秋山木工の顔です。

お客さまのところに行くときは、必ず白い靴下を持っていきます。玄関口で靴下を履き替えるのです。そうすることで、お客さまが気持ちよく迎えてくださいます。自分たちも足元を気にせず、自信を持って安全に作業ができます。

お客さまに挨拶とお礼をするときは、姿勢正しく、明るく、はっきりと言うようにします。

汚れた作業着を着ていたり、その場にべったり座り込んでいたりしたら、お客さまは不快に思います。せっかく、いい仕事をしても、すべて台無しです。

非の打ちどころのない身だしなみと、立ち居振る舞いができてこそ、一人前の職人だと思っていただけます。

職人心得

19

お手伝いのできる人から現場に行かせてもらえます。

周りの人が
何を望んでいるのかを考え、
行動することが大切です。

〝お手伝い〟とは、相手が望んでいることを読み取り、先回りして行動することです。

いつも、周りの人に気を配り、物事に真剣に取り組んでいると、見えないものが見えてきます。私はこのことを、「自分を超能力者にする訓練」と呼んでいます。

人に言われてやるのは、下の下。

人のまねをしてやるのは、中の中。

人に言われずに自分から気づいてやるのは、上の上。

兄弟子が何かを探しているとき、必要な道具を丁稚がさっと差し出したら、作業がスムーズに進みます。お客さまに言葉で要望を言われなくても具体化できれば、びっくりして喜んでいただけます。

先輩の先回りをする、社長の先回りをする、お客さまの先回りをする。〝お手伝い〟とは、フル回転するための具体的な行動です。それも、素早く行動することが大切です。

超能力者になる方法は、簡単です。頭をからっぽにして、人のやっていることを見て、言っていることを聞くことです。

小便をちびるくらいの緊張感で、集中して物事に取り組むのです。

職人心得

20

道具を上手に使える人から現場に行かせてもらえます。

道具を手足のように使えることで、感動していただけるものを作ることができます。

木が好きな家具職人は、道具もうまく使えます。

樹齢百年、二百年の木の命をいただくのです。少しも無駄のないよう、命を生かし切ろうと思うこと。そして、家具という新たな命を吹き込む気持ちで手を動かすのです。そうしていると、道具をうまく使えるようになっていきます。

器用な人は、すぐに道具を使えるようになるかもしれません。でも、人よりも早くできると、仕事をなめて傲慢になってしまいます。だから私は、徹底的に訓練します。

始めは不器用でも、地道に練習を続ければ、うまく道具を使えるようになります。どんなに不器用な人間も、必ず成長できるのです。ただし、ただ繰り返しやるだけではだめです。心を込めて全力でやり続けないと、結果はついてきません。

木を好きになり、心を込めた分だけ、練習が楽しくなり、道具を使うこともうまくなります。感動があり、自分が大きくなれます。カンナの刃が手のひらについているように、道具と一体化できます。

職人は、人一倍やって初めて、人並みのことができる。この意識が大切なのです。

職人心得

21

自己紹介のできる人から現場に行かせてもらえます。

自己を見つめ直し、
自分の良いところを相手に知っていただき、
日本人としての夢を語れることが大切です。

秋山学校では、一分間の自己紹介ができないと入学を認めません。まず、自分の生まれ育ちを二十秒で言います。自分の両親、祖父母、曾祖父母、自分のご先祖さまを紹介します。自分の生い立ちを話します。

次の二十秒で、自分が生まれてこれまでやってきたことを紹介します。自慢できることを三つは言います。学業のこと、技術のこと、人間として見つけた天職のことなどを話します。

最後の二十秒で、自分の人生の目標と夢を紹介します。人間として、家族の一員として、リーダーとして、そして、日本人として、自分のやることを言います。

自己紹介とは、自分を知ることです。人に感動と元気が与えられるような、〝今の自分〟の自己紹介をすることが大事です。

秋山木工に入社した目的は何か、どんな職人になるのか、それが明確でなければいけません。一カ月後の自分、一年後の自分、四年後の自分が明確にイメージできていることが大切です。

自己紹介がしっかりできれば、全力で前に進めます。何があっても、心が折れることはありません。

職人心得

22

自慢のできる人から現場に行かせてもらえます。

お客さまのために、
どのようなものをどんな工夫をして作ったのか、
説明できることが大切です。

職人にとって、「自慢」できるのは大切なことです。

納品するときは、作った家具の「自慢」をします。どこで育ったどんな木材で作っているか、空間に合った家具にするために凝らした工夫など、専門用語は使わずに、お客さまにわかりやすい言葉で、ポイントを押さえて説明します。

「自慢」と「威張る」は、まったく違うものです。

自慢とは、自分が作った家具の良さを知ってもらうプレゼンテーションです。「威張る」とお客さまに嫌われますが、「自慢」はお客さまの心を動かし、感動していただけます。

「命をかけてやらせていただきました」「全身全霊を込めて作らせていただきました」と言うのも立派な自慢です。

謙遜(けんそん)して控えめに言うのは美徳のようですが、決してそうではありません。自信なさそうに説明して、果たしてお客さまが喜んでくださるでしょうか。お客さまを不安にさせてはいけません。

一流の職人なら、お客さまの目の前で、「どうでしょうか。いいでしょう」とプロらしく、スマートに言えないといけません。

職人心得

23

意見が言える人から現場に行かせてもらえます。

さまざまな考えを共有し、
より良いものを
作ろうとすることが大切です。

職人が十人いれば十一の意見があっていい、というのが私の考えです。

「一流になるために、全員で意見を言い合うチーム」と、「自由そうに見えるが、何も言わずに任せておくチーム」、果たしてどちらのチームが、成長できると思いますか。

秋山木工では、全員で教え合い、助け合って一流の職人を目指します。

自分がうまくできたことは同僚に自慢し、同僚の自慢は喜んで聞く。同僚から聞いた「いい話」は、すぐほかの同僚に話す。一流のいいものを見たら、すぐ同僚に教えてあげる。

自ら進んで、人と関わることが大切です。本音で意見を言い合っても喧嘩（けんか）にならないのは、真理の道を求める姿勢があるからです。

「何でもいいです」と、人間関係に波風を立てることを避ける人が多いですが、そこには成長も学びもありません。

「私なら、こうさせてもらいます」と言えるのが一流の職人です。

たとえ、そこで笑われても構いません。本気で意見を言い、とことん人と関われた分だけ、自分が大きくなれるのです。

職人心得

24

お手紙をこまめに出せる人から現場に行かせてもらえます。

感謝の心を
自分の字で表すことで、
より一層想いが伝わります。

お礼状をこまめに書くことは、一流職人になるための基本です。手紙を出すことで、感謝の気持ちを伝えることができます。

みなさんは、一カ月にお礼状をどのくらい出しますか？

私の知っている成功している人たちは、まめな人ばかりです。どんなに忙しくても、お礼状はその日のうちに書きます。時間がたってからだと、間が抜けた価値のないものになってしまうからです。

親、先生、友人にまめに手紙を書く習慣を身に付けて、読んでもらいます。一番近い存在の人たちに感謝の言葉を伝えていると、人を喜ばせることがどんどん好きになっていきます。

お礼の言葉を伝えると、相手の人が気分よくなり、温かな気持ちになります。そして、自分も気持ちよくなります。

堅苦しい言葉は必要ありません。読んでいただく時間をつくってもらうことに感謝して、真剣に書くうちに、自然と自分の言葉で心が伝わる文章が書けるようになります。

冠婚葬祭の電報も定型フォーマットは使わず、オリジナルの文章で気持ちを伝えます。既成の文章で喜ぶ人などいないのです。

そのときそのときを、心を込めて大切に生きるのです。

職人心得

25

トイレ掃除ができる人から現場に行かせてもらえます。

一番汚れる場所を
磨くことで、
自分の心も磨かれます。

職人の第一条件は、謙虚であること。どんなに才能があっても、傲慢（ごうまん）だと人を幸せにすることはできません。

謙虚になるための一番の近道がトイレ掃除です。どれほど汚れたトイレでも、真剣に掃除すればピカピカになり、新品のように美しくなります。

人間も同じです。生まれたときはピカピカの新品です。ところが、人を恨んだり、妬（ねた）んだり、傲慢になったりして、心が汚れてしまうのです。

でも、その汚れをすべて掃除すれば、きれいな心に戻ります。生まれたときから我欲でいっぱいの人間なんて、一人もいません。優等生も、へそ曲がりも、人の心の本質は同じで、美しいのです。

我欲と闘い、自分を律することが職人には大切です。美しい心があるから、美しいものが作れます。ですから、善の心を大きく、悪の心を小さくした分だけ、一流に近づけるのです。

生きていれば、トイレも心も毎日使います。だから、どうしても汚れます。トイレも心も、見えないところまできれいにする。その毎日の積み重ねが、美しい心をつくります。

職人心得

26

電話を上手にかけられる人から現場に行かせてもらえます。

相手の顔が見えない分、簡潔にわかりやすく伝えることが大切です。

気持ちのいい電話の受け答えは社会人の基本です。電話の応対が悪ければ、それが会社の印象になってしまいます。逆に、いつも気持ちのいい電話応対ができれば、お客さまに信用していただけます。

秋山木工では、入社すると電話応対の訓練をします。電話は声と言葉だけで成り立つコミュニケーション。ですから、先さまに失礼のない話し方ができるまで、繰り返し練習します。

一番大切なのは明るさです。外線電話を取るときは、「ハイ、秋山木工の〇〇です。いつもありがとうございます」と、明るい声で職人らしく、さわやかに、応答します。お客さまをお待たせしてはいけません。必ずメモを取り、大切なことは復唱して確認します。

話すときは、あいまいな言葉では伝わりません。必ず、具体的にわかりやすく説明します。敬語で丁寧に、感謝の気持ちを込めることを心がけます。

電話一本だといって、あいまいにしたり、乱雑な態度をとるようでは、一流の職人にはなれません。電話の前でお辞儀をするぐらいになれば、そうそう間違いは起こりません。電話のときも、一流の自分でいることが大切なのです。

職人心得

27

食べるのが早い人から現場に行かせてもらえます。

食べることにも段取りが必要です。
農家の方や、食事を作ってくださった方に感謝をし、
無駄なくおいしくいただくクセをつけることが、
仕事にもつながります。

秋山木工では、学生から四年目の丁稚まで、社長である私も入れると総勢二十人以上が一緒に食事をします。

寮にいる全員の朝食を作るのは、一年目の丁稚見習いの仕事です。私たち職人集団は、団体行動なくして仕事をすることはできません。ですから、食べ始めるのも一緒、食べ終わるのも一緒。誰か一人でも食べるのが遅ければ、全員の作業に響くのです。

食事の時間は食事に集中します。仕事以外のムダ話は禁止、もちろんテレビはつけません。ダラダラせずに集中して食べるクセをつけると、自然と食べるのが早くなります。

食材を作ってくださった方、食事を作ってくれた方たちに感謝しながらいただきます。すると、食事のおいしさに敏感になれます。体にいい食べ方も、できるようになります。

食べ物の好き嫌いも一切禁止です。それを言うようになると、いずれ仕事や人の好き嫌いを言うようになるからです。

箸の使い方や食べ方が悪ければ、注意します。食器の片付け方やしまい方も、みんなで協力して、段取りよく行うように工夫します。

食事の時間も、一流の職人になるための大切な訓練なのです。

職人心得

28

お金を大事に使える人から現場に行かせてもらえます。

お金の生まれる過程を
正確に理解し、
感謝して使うことが大切です。

秋山木工では、最先端の機械などを使いません。便利な道具は職人の腕をダメにします。技を覚えるには、腕を殺す道具を使ってはいけないのです。

若いときに身に付けた技術は一生ものです。高い技術があれば、六十歳になっても、一流の職人としての仕事ができます。つまり、覚えた技術は、お金をいっぱい持っているのと同じことです。

これがわかると、自分を成長させるお金の使い方ができるようになります。若い職人が給料でいいカンナを買うことは、自分の未来への投資です。その場限りの遊びのお金はムダな投資です。

親方や先輩が怒ってくれるのも、当たり前ではありません。月謝も払わず、一流職人の時間をいただくのです。時間の無駄にならないように、感謝して学ばねばなりません。

非の打ちどころのない本物を作れる職人になるには、全力で訓練しないといけません。汗みどろ、泥んこになって、やり抜くのです。

最初は、大変なエネルギーが必要となるかもしれません。でも、今をがんばり抜くことは、一生使える一流の技術と、高い人間性を自分のものにすることができる、未来への投資なのです。

職人心得

29

そろばんのできる人から現場に行かせてもらえます。

計算を速くすることで、
時間と材料を効率的に使うことができ、
お客さまに喜んでいただけるものが作れます。

「読み・書き・そろばん」は、職人の基本です。ハイスピードで、テンポよく仕事をするには、暗算は必須です。

一流の職人は、木を見ただけで、材料がどれだけ取れるか、瞬時にわかります。また、お客さまの注文に対して、どれくらいの材料と時間と人数が必要か、どうしたら効率よく作れるか、などの段取りが瞬時にわかります。暗算ができるから、お客さまに喜んでいただける仕事ができるのです。

秋山木工では、そろばん検定・最低三級以上を取ることが、職人になるための鉄則です。足し算・引き算・掛け算・割り算が、頭の中でそろばん玉をはじくイメージができるまで、二ケタの暗算ができるようになるまで、本気で取り組みます。

じつは、そろばんができると、たくさんの能力が身に付きます。電卓より速く正確に計算ができます。何事にもあきらめなくなり、指先も器用になります。集中力もつき、体も脳もフル回転します。つまり、正確さ、根気強さ、緻密さ、集中力という、一流職人にとってなくてはならない能力が、すべて手に入ります。

だから、瞬時に先が読める、勘のいい職人になれるのです。

職人心得

30

レポートがわかりやすい人から現場に行かせてもらえます。

その日学んだことを
わかりやすく書こうとすることで、
もう一度身に付き、
日々を二倍速で学ぶことができます。

秋山木工の丁稚たちは毎日、スケッチブックの無地の紙にレポートを書いて一日を終えます。書くことで、その日やったことを復習し、次の日にやるべきことを予習します。

レポートには、成功したこと、うまくいったことだけでなく、失敗したこと、怒られたことも必ず書きます。改善方法も書きます。兄弟子がそれを見て、コメントを記入します。このやり取りによって、なぜ失敗したのか、怒られたのかがわかります。

翌日、一週間後、一ヵ月後、三カ月後、あとからスケッチブックを見返すと、自分の成長度合いがわかります。怒られる質、レベルが高くなっていれば、自分のレベルも上がっている、成長できている、ということです。

一冊書き終えるごとに、近況を添えて、親、兄弟、祖父母、恩師の方々に送り、読んでいただきます。温かい叱咤激励のメッセージが書き込まれて会社に返送されてきます。親も学校の先生方も親類、友達も、みんなを巻き込んで、一流のスター職人を育てるのです。

周りから応援してもらっていることに気づくと、感謝の気持ちが生まれます。感謝した分だけ、一流の職人に近づけるのです。

職人心得三十箇条

職人心得1　挨拶のできた人から現場に行かせてもらえます。
職人心得2　連絡・報告・相談のできる人から現場に行かせてもらえます。
職人心得3　明るい人から現場に行かせてもらえます。
職人心得4　周りをイライラさせない人から現場に行かせてもらえます。
職人心得5　人の言うことを正確に聞ける人から現場に行かせてもらえます。
職人心得6　愛想よくできる人から現場に行かせてもらえます。
職人心得7　責任を持てる人から現場に行かせてもらえます。
職人心得8　返事をきっちりできる人から現場に行かせてもらえます。
職人心得9　思いやりのある人から現場に行かせてもらえます。
職人心得10　おせっかいな人から現場に行かせてもらえます。
職人心得11　しつこい人から現場に行かせてもらえます。
職人心得12　時間を気にできる人から現場に行かせてもらえます。
職人心得13　道具の整備がいつもされている人から現場に行かせてもらえます。
職人心得14　掃除、片付けの上手な人から現場に行かせてもらえます。

職人心得15　今の自分の立場が明確な人から現場に行かせてもらえます。
職人心得16　前向きに事を考えられる人から現場に行かせてもらえます。
職人心得17　感謝のできる人から現場に行かせてもらえます。
職人心得18　身だしなみのできている人から現場に行かせてもらえます。
職人心得19　お手伝いのできる人から現場に行かせてもらえます。
職人心得20　道具を上手に使える人から現場に行かせてもらえます。
職人心得21　自己紹介のできる人から現場に行かせてもらえます。
職人心得22　自慢のできる人から現場に行かせてもらえます。
職人心得23　意見が言える人から現場に行かせてもらえます。
職人心得24　お手紙をこまめに出せる人から現場に行かせてもらえます。
職人心得25　トイレ掃除ができる人から現場に行かせてもらえます。
職人心得26　電話を上手にかけられる人から現場に行かせてもらえます。
職人心得27　食べるのが早い人から現場に行かせてもらえます。
職人心得28　お金を大事に使える人から現場に行かせてもらえます。
職人心得29　そろばんのできる人から現場に行かせてもらえます。
職人心得30　レポートがわかりやすい人から現場に行かせてもらえます。

職人の道具

のみ

カンナと同じく、このノミも十六歳から使っています。買った当時はこの三倍は長かった刃も、使っては研ぎ、使っては研ぎ、今ではこんなに短くなりました。

道具を見れば、職人の腕の良しあしは見当がつく。刃の減り方が仕事量を物語り、刃面の鋭さで熟練度合いがわかる。職人の世界ではこう言われています。

でも、実はいいノミほど研ぐのが難しい。だから、若い職人は、日々、手をまっ黒にしながら道具と格闘し、扱いを覚えていくのです。

道具の数の多さもまた、腕のいい職人の証しです。注文の品や工程に合わせて刃の形、サイズを替える工夫をします。すると、より早く、より効率よく、きれいに仕事を成し遂げることができ、お客さまに喜んでいただけます。

結章

一流職人への道

一流への道筋

みなさんは、「守破離（しゅはり）」という言葉を聞いたことがありますか？

能楽を確立した世阿弥（ぜあみ）の教えが原型で、芸術、茶道、武道、スポーツの分野でもよく使われている思想です。

最初は師匠に教わった型を忠実に「守」り、次に型を自分なりに応用して「破」り、最後に独自の新境地を切り開いて型から「離」れる。「守破離」とは師弟関係による一流への道筋です。

私たち家具職人の成長段階も、この「守破離」が当てはまります。

まずは、「守」。

型を師匠から学ぶところから、すべては始まります。職人としての心構えと生活態度、基本の訓練、段取り、心得、技術など、職人として必要なすべてをまねします。この段階では、師匠の言うことはすべて「はい、わかりました」です。師匠の教えを忠実に、そして全力で、身に付けるのです。

次に、「破」です。

「破」とは、師匠に教わった基本の型に、自分なりの工夫をする段階です。試行錯誤しながら、型にアレンジを加えていきます。基本がしっかり身に付いていないのに、自分なりの工夫を加えてもうまくいきません。

そして、「離」。

「離」とは、自分らしい新境地を切り開く段階です。師匠から独り立ちすることです。秋山木工では、職人が九年目に独立し、新たな道を歩き出すのがそのときです。

人間は、みんないい芽を持っている

職人としての心構えを説いたのが、本書で紹介した『職人心得三十箇条』です。仕事の基本、態度、準備、意識、技術など、「守」の基本を込めています。

一流の基本といっても、読んでいただいてもおわかりのように、特別なものはひとつもありません。昔から日本人が実践してきた教えばかりです。日本の子どもたちが、親や、祖父母、お寺のお坊さんや、近所のおっちゃん、おばちゃんに教わってきたことと同じです。江戸時代の子どもたちも、きっと教わっていたはずのことです。

私が子どもの頃は、親や祖父母に「お天道様（てんとうさま）が見ているよ」とよく言われたものです。誰も見ていなくても、天は見ているよ、お天道様に恥ずかしくない行動をしなさいよ、という教えです。

でも現代の若者は、高校や大学を卒業するまで、こういう大事なことを教わっていません。礼儀、感謝、尊敬の気持ち、そういう基本は大人が骨惜しみしないで、しっかりと教えなくてはならないのに、それをしていません。だから、挨拶ひとつできないのです。それでは一流の職人どころか、社会で役に立ちません。

無意識でもこの三十箇条どおりに行動できる、そこまでできて初めて、「身に付いた」と言っています。「えっと〜」などと、思い出しながら言っているようでは、まだまだ身に付いたとはいえません。

人間は、たった一回言ったただけ、教わっただけで、教えを身に付けられるわけがありません。だから、私は本気で弟子たちに教えます。しつこい、おせっかい、図々しいのが私です。

しつこいとは、物事に対してあきらめないことです。おせっかいとは、人のことが好き、喜ばせたいということです。図々しいとは、いい意味で欲が深いことです。しつこく、おせっかいに、図々しく教えれば、何とかなる。みんな、いい芽を持っている。頭で覚えるのではなく、体全体で覚えるのです。

修業の日々は弟子たちも私も、毎日が闘いです。この先、職人として生きていけるかどうか、人生がこの修業時代で決まるのです。ですから、一秒たりとも気が抜けません。

秋山木工の独特の研修制度は、テレビや雑誌などメディアからの取材も多い

私は会社にいるときだけ、現場にいるときだけでなく、二十四時間、真剣勝負で臨んでいます。とことん関わります。丁稚たちも必死です。逃げ出したくなることも一度や二度ではないはずです。

本当なら遊びたい盛りの二十歳前後の若者たちが、恋愛も、携帯メールも禁止、一流の職人になること以外考えずに集中するのは並大抵のことではありません。

でも、このときにプライベートな楽しみを全部犠牲にしても、ほとんどの若者が二十歳前後ですから、あとから取り返せます。

「給料分は働きます」「なるべくラクして結果を得たい」というような、

省エネスタイルでは、本当の実力は身に付きません。遠回りのように見えても、そこを耐えて修業に専念すれば、そこから先四十年、六十歳、七十歳になっても一流の職人として生きていける心と技が身に付きます。

毎日の修業で、自分の力を一〇一%出し切り、いいことをやり続け、良い心を積み重ねる。いつも明るく、周りの人に気を配る。

人の心は絶えず減退します。人は楽で楽しい方向に行こうとするものです。だから、日々修業が必要なのです。

自我に負けず、日々努力した分だけ、人間性が高まります。どこを切ってもブレない本物の自分になれるのです。

高学歴者には「バカになれ」と言う

「型」を習得するのはそんなに生易しいものではありません。だから、何度でもしつこく繰り返さなくてはなりません。それで、やっと忠実に型が再現できるようになるのです。

すごいと思った人の「型」を全部自分のものにしたいと、真剣に話を聞けるのは素直な人です。素直であることは、大切な能力です。

片や、器用な人はそうではありません。すごいと思った人の話も、一回聞いただけで、「ああ、なるほどね」とすべてわかったつもりになって、二回目からは真剣に聞かなくなります。職人への道はそんなに甘いものではありません。型がしっかり身に付かなければ、そこから先の段階には進めません。

秋山木工には、いろいろな若者が職人見習いにやってきます。高校を出たばかりの十八歳もいれば、大卒で社会経験のある三十歳もいます。では、三十歳のほうが十八歳より早く成長できるかというと、実は逆の場合が多いのです。

理由はこうです。大卒者は「自分はできる」と思っています。ですから、素直になり切れない。

私が「言うとおりやれ」と言うと、口では「はい、わかりました」と言いながら、実際には言うとおりにやりません。

「社長はああ言ったけど、ほかにもやり方があるんじゃないか」

「自分が知っているやり方と違う」

「挨拶なんかより、早く技術を習いたい」

このように、師匠である私の話をそのまま受け入れず、自分の判断を加えて、場合によっては、はねつけてしまうのです。

私ができるのは、彼ら自身がいかに無力で何も知らないかを思い知らせることです。

ある時、盆休みに彼らが帰省している間に、大きなテーブルを作りました。どうやって作ったのかわからないほどの絶妙なものです。

丁稚と丁稚見習いたちが戻って来たとき、私は彼らにこう聞きました。「これは、誰が作ったのかわかるか」。彼らは「この短期間で、どの職人さんが作ってくれたのか」と顔を見合わせました。そして、私が作ったとわかると、とても驚いた様子でした。とにかくびっくりさせる。そして、「おまえら、なんぼのもんか」と気づかせるのです。素直に「はい」と言えるようになるまで、いい大学を出た高学歴の者ほど時間がかかります。

また、新人が十人もいると、学歴を問わず、たいてい一人くらいは飛び抜けて器用な若者がいます。自分だけができると思い込み、他人を下に見て馬鹿にするようになります。

秋山木工に入社したということは、私の弟子となり一流の職人になることを希望したのです。それならば、あれこれ考えるより「やってみろ！」と言われたことは、まずはやってみる。「守」の段階では、「自己流でやろうとしない」ことが、成長への近道なのです。

自分のちっぽけなプライドは捨て、素直で謙虚な「馬鹿」になれた人だけが、一流の職人になれるのです。

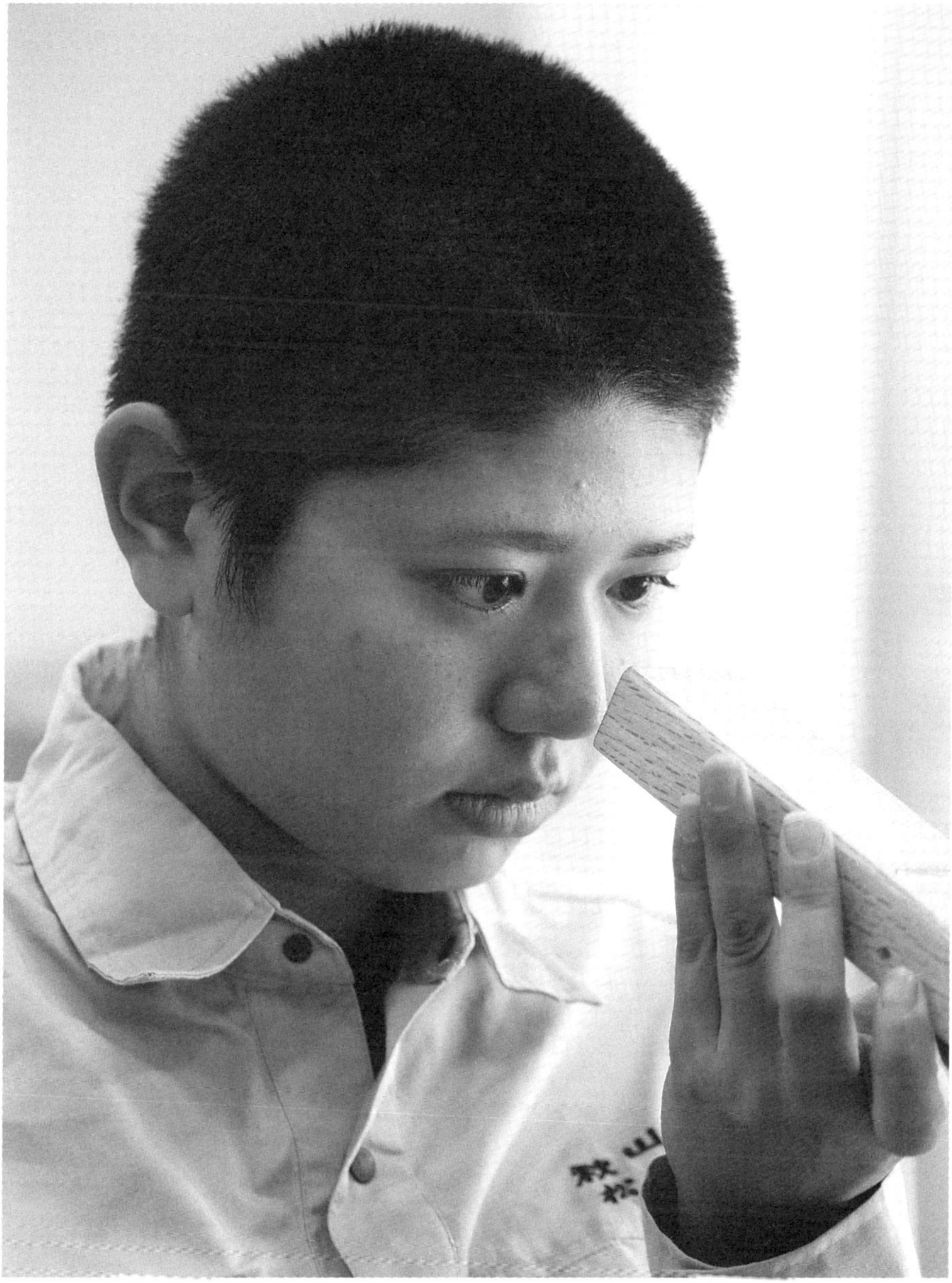

気持ちのいい挨拶は一流の第一条件

『職人心得三十箇条』の中で、挨拶は特に大切です。ですから、職人心得の一番に置いています。

挨拶をするときは、心を込めて、相手の目を見て、大きな声できちんと言うことが、職人にとっては大切です。

みなさんは、挨拶もろくにできない職人に仕事を頼みたいと思いますか。私はいつも、「声のでかいやつ、挨拶のいいやつから仕事をさせろ」と言っています。しっかりとした挨拶ができない限り、現場へは連れていきません。

「おはようございます」
「ありがとうございます」
「失礼しました」
「すみませんでした」

誰が聞いても気持ちいい挨拶、こちらからも思わず返したくなる挨拶ができないといけません。

自分が挨拶をしても相手が返してくれないとしたら、それは相手のせいではなく、自分の挨拶が悪い、ということです。

挨拶をする自分の顔が引きつっていたら、相手の顔も引きつる。暗い挨拶をすれば、相手も暗くなる。だから、自分を変えていくしかないのです。いい挨拶をしてほしかったら、自分から明るく挨拶する以外、方法はありません。

コツは、とにかく相手を好きになることです。相手を喜ばせようと思ったら、自然に笑顔と明るい挨拶が出てきます。

自分が疲れているからといって、挨拶の声が小さくなったりするようでは、気遣いがありません。疲れていても、落ち込んでいても、どんなときでも元気で明るく気持ちのいい挨拶ができれば本物です。

人との出会いは一期一会。お客さまとの出会いも一期一会。

出会った瞬間に、相手の心が笑顔になるような、挨拶ができるようになれば、最高です。

「木(こ)の道」に恥じないように生きる

秋山木工のユニフォームには、背中に大きく「木の道」と入っています。「木の道」とは、一流の職人になるための「人の道」のことです。

作業服を着ている一人ひとりが、秋山木工の顔です

胸には「秋山木工」、そして、名前がフルネームで刺しゅうされています。丁稚も職人もこのユニフォームで仕事をして、電車にも乗ります。

社名と自分の名前を出しているのですから、身だしなみと振る舞いには、常に意識が向かいます。だらだらした態度は見せられません。おのずと緊張感が増します。背中もしゃきっとし、礼儀正しくなります。

電車の中でもいい加減なことはできません。早朝から働いて、実は眠くても、立っています。

電車の中で座ると、ついうとうとしてしまい、隣の人に寄りかかったりして迷惑がかかるかもしれません。背中の「木の道」と胸の社名と名前の刺しゅうは、自分を律することを常に手助けしてくれます。

こうした一つひとつの行動が、自分の技術力、人間力を高めていくのです。

親孝行のできない人は一流になれない

秋山木工の家具職人見習いの若者たちは、親への感謝が、家にいたときと百八十度変わります。親からの愛情を「当たり前」だと思っていたことに気づくのです。

学校から帰ると、温かい家があって、ご飯があって、ふかふかのベッドで寝られる

のも当たり前。洗濯物ができているのも当たり前。しかし、秋山木工に来て、食事作り、皿洗い、掃除、洗濯、すべて自分たちで行います。自分が親に甘えていたことを思い知るのです。

すると、みんな猛烈に親に感謝し、親孝行がしたくなる。「自分のことをこんなにも思ってくれていたのか」と、親の気持ちを痛いほど知るのです。

親に感謝できると、自分のことが大切に思えます。人のことも大切に思えます。仕事のことも、今ここで起きていることも、逆境でさえ、大切に思えます。命が輝いてくるのです。そして、心に大きなエネルギーがわいてきます。

自分の親を大切に思えない人が、他人であるお客さまを大切に思えるはずがありません。親への感謝の心がなくて、一流になれる人はいないのです。

親孝行がしたい、親をビックリさせたい……、この思いの強さで一流になれるかどうかが決まる。私はそう思っています。

親と二人三脚で育てる

これまで家庭で大事にされ、好き放題に育ってきた若者が慣れない集団生活で追い詰められたら、十日もしないうちにほぼ全員が辞めたいと思うものです。師匠である私や兄弟子たちから、研修生たちは一日中叱られることになります。自分の思うようにできることなどひとつもありません。

そんなとき、最初に打ち明けるのが、家族や学校の恩師です。ですから、親や恩師の協力は絶対に欠かせません。なぜなら、辞めたいと相談されても、簡単に受け入れず、元気づけてもらう必要があるからです。

本人が弱音を口にしたときに、親が子どもの心の内を全部聞いてやれるかどうか。そして、「お前はやっぱりダメだったのか」と烙印(らくいん)を押してしまうのか。それとも、「自分で決めたことは最後までやり抜け」と背中を押してやれるのか。親の姿勢がとても大事なのです。

ですから、秋山木工では、入社時に本人だけでなく、親の覚悟を見極めるための面接をします。北海道であろうと、沖縄であろうと、自宅にお邪魔して、話をします。

親と話してみると、「うちの子はダメだ」と思っている方が多いのは残念なことです。親とは最低三時間の面接をして、「覚悟しました。この子がスーパースターになるまでは私たちもあきらめません」という言葉を聞くまでは、絶対に採用しません。しかし、ひとたび修業に入ると、親ほど強力な応援団はいません。

秋山木工の職人育成では、スケッチブックのレポートが大事な役割を占めています。丁稚と丁稚見習いは、デッサンに使うような大判の無地のスケッチブックに、毎日必ずレポートを書きます。一日の終わりにその日の仕事内容と反省点をまとめるのです。イラストを書いたり、写真を貼ったりして、各自が自由に工夫してまとめます。兄弟子がそこにアドバイスを記入し、私もチェックするのが決まりです。

十五日間くらいで、一冊のスケッチブックを使い終わります。一冊書き終わるごとに、会社からそれぞれの親や恩師に送り、日々の仕事ぶりや成長の様子を報告します。それを読んだ、親や兄弟、祖父母、恩師からは、愛情のこもった叱咤激励のメッセージを書き込んで送り返してもらい、本人に返却します。

全員の分が戻ってくると、みんなを集めて、スケッチブック・レポートの朗読会をします。叱咤激励のメッセージを読み上げるのです。

朗読会が始まると、スケッチブックを読む丁稚の声は震え、目から涙がこぼれ落ちます。これまで親のありがたみをわかっていなかった若者たちが、初めて心から親に感謝する瞬間です。

親も、泣きながらすみずみまで読んで、何とか子どもを元気づけようと、精いっぱいのコメントを書いてくれます。

周囲からこのように期待されれば、そう簡単には辞められません。辞めるということは、そんな親や恩師の期待を裏切ることになるのです。親もスケッチブックを通じて子どもががんばっている姿を知っているので、辞めないように説得する場合がほとんどです。

場合によっては「とりあえず田舎に帰ってこい。親がよし！と言ったら辞めていい」と、実家に帰します。ですが、たいていの場合は一週間ほどで帰ってきて、「もう一度やらせてください！」と言います。

親も兄弟も祖父母も恩師も巻き込んで、本人をスターにしていく。

本人だけでなく、親や周囲の本気のサポートがあって初めて、一人前の職人を育てることができます。

○10日間をふり返って

10日間を思い返すと、あいさつもできない、返事もできない、自分のことで精一杯で他の人の話も聞けない、自己紹介も職人心得もできないような だめな人でした。

同期が13人もいて、年齢もバラバラでしたし、不安だらけでした。

とにかく、1日1日が濃くて、長く感じましたが、充実してました。

10日間で、いままでの20年間、一緒にいた、家族へのありがたみも感じました。

いつも祖父母が家にいて、姉も家にいて、父が帰ってきて母が作ったご飯を全員で食べることが当たり前でした。でも、これからは、そういうこともないですし、当たり前に感じていて、まともに感謝したこともないですけど、今なら心からありがとうって

読んで頂きありがとうございます。
え、秋山木工に来てから早十日が過ぎました。
文を見、この文を書いている時でも母さん達の事を思い出し
日間で、たった十日間だけで同期の皆の団結力が
く全員で入学するという目標がはたせず、悔しい思いを
重か力にし、入る事の出来なかった一人の分まで沢山

ざいます。
ことができなかった事、今になって苦労して、やはり
そこは反省すべきですね。(実感していると思いますが。)
子が、レポートを読んで感じ取れるので、とても
の方々には毎日、こと細かく指導頂いて
の事だけでなく、周りの人々にも気遣いがで
です。周りへの感謝をずっと忘れずに、
えるように頑張って下さい。美羽の
ます。「本気」になれるものが見つかって
います。これからもよろしくお願いいたします。

事に扱っていただくようお願いします。

全身全霊で実行していきます。

今日までお世話になった兄弟子さん、試験の準備からまとめてくださったり
長い時間寝ない中ありがとうございました。
今までお世話になったのに今日も不甲斐ない結果になってしまい
足袋や雪駄という基本的に必要な物すら忘れてしまうような事をして
申し訳ありません。
今日から本当の学生になりますが、改めて気をひきしめてまいりますので
よろしくお願いします。

今までの感謝を忘れずにまた今日からがスタートです。

いろんな気持ちがあると思いますが本気でとりくみましょう。

同期みなさん、たった10日でも心が折れそうな気がした時もありましたが、
みんなが居たからやれたと本当に心から思います。
次は全員丁稚、を目指して、更に協力していきましょう。

そして秋山社長には感謝は言いつくせません。

ダメなりに本気で取り組ませていただきます。

学生にしていただきありがとうございました。

山口校長、学生にしていただきありがとうございます。

これからもよろしくお願いいたします。


今回このような結果しかし、決して落第伊藤は残念な形になったが自分だけではない。秋山木工の学生ではなくなるが、ライバル、仲間に変わりはありません。2人と他の残った同期、切磋琢磨していって下さい

頂きものの御礼も

秋山利輝 3/5/1 夜

秋山利輝 3/5/1 夜

研修生13名

学生11名

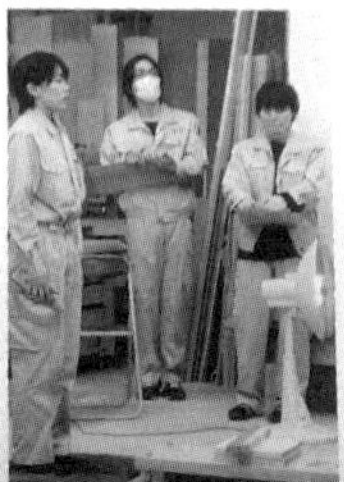

"あいさつ" "自己紹介" "職人心得30ヶ条" のテスト中

レポートは必ず毎日書きます。 書くことで、その日１日を振り返り、 次の日の目標を考えることができます。

人生はすべて自分の時間

「まだまだ未熟だ」と思うほど、自分でテーマがつくれます。ここをもっと教えてほしい、あそこをもっと知りたい、もっともっと……と欲が出てきます。

人生はすべて自分の時間なのですから、気持ちをセーブしないで夢中になってやればいいのです。全部出し切ったときに感動がくるのです。

最初からある程度できる人は、そこそこで満足してしまうかもしれませんが、夢中でやれば、不器用な人ほど天井知らずで伸びていきます。

そして、伸びていくためには、なるべく早く怒られたほうがいいというのが私の考えです。

どんな人が伸びていくかと聞かれたら、「不器用でもしつこい人」「感謝の心がある人」「怒られ上手な人」と答えています。

同じ怒られるにしても、一流になる人たちは、次のような怒られ方をしています。

・怒られるのは年の若いほうがいい——できたら二十歳までに怒られるのがいい
・怒る人のエネルギーがあるうちがいい——怒られる人の十倍の勇気がいります

・ほかの人より先に怒られるほうがいい――進んで仕事をすると、人より先に怒られます
・同じことで一〇〇回怒られない――人はそんなに怒ってくれません
・人間力が高い人に怒られる――尊敬する人に怒られると効き目があります
・怒ってくれる人が死なないうちに――いつまでも待っていてはくれません
・怒られるのは一日も早いほうがいい――一分でも早いほうがいい
・質の高いことで怒られる
・怒られるにもお金がかかっていると自覚する
・人の怒られるのを見ているより自分で怒られる――自分から何もしないと怒られません

二十歳を過ぎているからといって、遅くはありません。今のあなたが三十歳、四十歳でも、遅すぎるということはありません。

怒られたことを自分のものにするためには、怒られるレベルが上がっているか、昨日と今日と同じことで怒られていないか、怒られる質を意識することは大切です。

三カ月前に怒られたこと、一カ月前に怒られたこと、一週間前に怒られたこと、昨日怒られたこと、一時間前に怒られたこと、さっき怒られたこと。

怒られたことを忘れないため、日々前進できているかを確認するために、スケッチブックのレポートが役立ちます。しつこく、ひたむきにやり続け、怒られても感謝できるようになれば、実力は必ず伸びます。

人生はすべて自分の時間です。そして、働くとは、生きることそのものです。

「できる職人」ではなく「できた職人」を育てる

日本のものづくりが復活しなければ、世界の中での日本の復権はない――。私は、日本のものづくりを立て直して、日本を再生させたいと思っています。

日本人が昔から持っていた思想や考え方が、ここ五十年ほどで、どんどん失われているように思います。

最近の日本企業は、コストを安くすること、コストパフォーマンスばかりを重視しています。だから、ものづくりの現場を中国やベトナムなど、材料費と人件費の安い外国に移転してしまいます。それで一時は儲かるかもしれません。ですが、お金と引き換えに日本の人材育成が枯れていませんか、私はそう思います。

自分の権利だけに固執するのではなく、世のため人のために気遣いができる。これが日本人です。この日本人の魂を磨き上げることが、一流の職人への道であり、オンリーワンへの道です。

日本は島国で、資源も少ない。なのに、ここまで繁栄できました。それは、世界に誇る日本人の魂と技術を大切にし、磨いてきたからです。今なら、まだ間に合います。この魂を取り戻さなければ日本はだめになる。日本人が脈々と受け継いできたものづくりの遺伝子を、我々の世代で途切れさせてはいけないのです。

技術がいくら一流でも、技術だけではすぐに追いつかれてしまいます。でも、心はすぐには真似できません。

心が一流なら、技術も必ず一流になる。職人はお客さまに感動していただいて、なんぼの商売です。感動してもらうものづくりは、心が一流でないとできないのです。

私は、「技術」だけ優秀な「できる職人」ではなく、一流の心と技術を持った「できた職人」を育てたいのです。

「世のため」「人のため」に働くと命が輝く

「人がなかなか育たない」「まじめに働く若者がいない」と、真剣に悩む経営者さんが、毎日のように私のところに相談に来られます。そんなときは、「会社の都合だけでは人は育ちませんよ」と、お答えしています。

世の中のため人のためにに役立つ若者を育てるのは、経営者の責務です。私は、そう思っています。しかし、世の中で役立つ若者を育てることが企業の責任だと思っている経営者さんは、今は少ない。自分に忠実で、都合のいい人材、金儲けに役立つ人ばかりを育てようとしているように見受けます。

部下を叱れない上司も増えています。叱ったら辞めてしまうかもしれない。手をあげたら訴えられるかもしれない。辞められたら損だと思ったり、叱った責任を取りたくないから、結局、何もしないのです。

大人が下の世代に教えなければ、若い人は育ちません。

秋山木工では、後輩を叱れない者は、丁稚から職人になることができません。後輩が間違った仕事の仕方をしているのに、それを教えてやらない、失敗しても怒らないのは、優しさではありません。愛がないからです。

私も弟子を叱るときは命がけです。職人を育てる責任はもちろんのこと、その人間の一生が私にかかっていると思うからです。

私は、結婚と就職は似たものだと思っています。つまり、その人の人生に責任を取るということです。人を雇うということは、それだけの覚悟がいることです。

私の役目は、日本人の技術と魂のすべてを、次世代の若者に伝えることです。自分を超える職人を、十人は育てたいと思っています。

彼らがまた彼らを超える職人を十人育てる。すると、スーパースターの一流職人が百人育ちます。その連鎖が生まれれば、一流職人がどんどん育ちます。

秋山木工の人材教育は、それを「仕組み」にしています。多くの現場や職種で、この「仕組み」を使って、できた人、一流職人を育ててほしい。

今年（平成二十五年）は三重県の伊勢神宮で式年遷宮が行われます。伊勢神宮では二十年に一度、神殿を建て替え、神様を新しいお宮にお遷しし、神の力の新たなよみがえりを祈ります。神殿や御門をはじめ、神々の調度品を新調し、そのための準備も八年前から行われるという大がかりなものです。

式年遷宮は持統天皇の時代、六九〇年より始まり、実に千三百年以上の伝統がある行事です。そして、技術継承の素晴らしい「仕組み」でもあります。難しい技術も、二十年に一度のこの儀式で、次の世代に受け継ぐことができるのです。

みなさん一人ひとりに、前の世代から引き継ぎ、未来へと伝えることがある。自分の使命があると思ってほしいのです。みんな選ばれた人であり、それぞれお役目があります。

その使命を一人ひとりが地道にコツコツやり続ければ、必ず素晴らしい人生になります。私たちの日本の国は美しく、楽しい、世界中の人々から憧れられる国、憧れられる人になれるはずです。またすぐに、世界のトップランナーになれるはずです。

おわりに

私は今年、古希を迎えました。振り返ってみれば、自分の五十四年にわたる職人人生を支えてくれたのは、若いときに身に付けた職人としての心得です。

この自分の体験をもとに、三十年ほど前から弟子たちに職人としての基本を心得として伝えてきました。紆余曲折しながらまとまったのが、本書でみなさんにご紹介した『職人心得三十箇条』です。

みなさんは、家具職人というと、特別な職業のように思われるかもしれません。しかし、働く人は皆、手に「職」を持った職人だというのが、私の考えです。

私たち家具職人だけでなく、ビジネスマン、商売をされている方、学校の先生、お医者さん、農家さん、世の中で人と関わりながら生きているすべての方が手に職を持った職人です。

どんな職業でも一流になるには、自分の能力を信じ、猛烈に汗をかきながら能力を鍛えていくしか方法はありません。

能力を最大限に引き出すためには基本が必要です。基本がしっかりしていなければ、応用は利きません。

ですから、若いときに「基本」を心と体にしっかり染み込ませ、どんなときにもブレない自分になることが大切なのです。

かつて大打者として活躍し、数々の感動を呼んだ長嶋茂雄さんも、王貞治さんも、誰も見ていないところで、汗をかきながらバットを振り続けていたはずです。地道にコツコツ、手を抜かずに基本をやり続けた人はいつしかオーラが出てきて、びっくりするような力を発揮します。それが超一流になるということです。

特に、若いうちに汗をかいて身に付けたものは、一生の財産になります。常に基本を忘れず、基本に立ち戻ることができれば、人は必ず成長し続けることができる。人を喜ばすことができれば、必ず一流の職人になれる。この思いを『職人心得三十箇条』には込めています。

読者のみなさんも、ぜひ、ご自分の役割、お仕事にまい進してください。今やっていることをやり切って、あなたの役割、お仕事で、周りの人たちを喜ばせてください。

あなたの人生が、より輝きを増し、豊かになることを切に願っています。

平成二十五年九月　秋山利輝

著者略歴

秋山利輝（あきやま・としてる）

秋山木工グループ 代表

一般社団法人秋山学校 代表理事

1943年、奈良県生まれ。

中学卒業とともに家具職人への道を歩き始め、1971年に有限会社秋山木工を設立。秋山木工の特注家具は、迎賓館や国会議事堂、宮内庁、有名ホテル、高級ブランド店などでも使われている。2010年には一般社団法人秋山学校を設立、代表理事を務める。人間性を重視した独特の職人育成制度は業界の内外から注目を集め、国内はもちろん、中国、アメリカやロシアなど、海外からも多くの方が見学に訪れている。テレビ、雑誌などメディアからの取材も多数ある。

著書に『丁稚のすすめ　夢を実現できる、日本伝統の働き方』（幻冬舎）、関連DVDにドキュメンタリー映画『丁稚　わたし家具職人になります』（オルタスジャパン）がある。

有限会社秋山木工 ウェブサイト http://www.akiyamamokkou.co.jp/
一般社団法人秋山学校 ホームページ http://www.akiyamamokkou.co.jp/school.html
秋山利輝 公式ブログ「天命に生きる」 http://www.akiyamamokkou.co.jp/blog/diary.cgi

一流を育てる　秋山木工の「職人心得」

2013年10月29日　初版第1刷
2014年 2 月28日　　第3刷

著　者――――――――秋山利輝
発行者――――――――坂本桂一
発行所――――――――現代書林
〒162-0053　東京都新宿区原町3-61　桂ビル
TEL／代表　03(3205)8384
振替00140-7-42905
http://www.gendaishorin.co.jp/

写　真――――――――田村尚行（田村写真事務所）
デザイン――――――――吉崎広明（ベルソグラフィック）
写真提供――――――――有限会社秋山木工（p26、p27、p109、p131）

印刷・製本　広研印刷㈱
定価はカバーに表示してあります。
万一、乱丁・落丁のある場合は購入書店名を明記のうえ、小社営業部までお送りください。送料小社負担にてお取り替えいたします。但し、古書店で購入されたものについてはお取り替えできません。
この本に関するご意見・ご感想をメールでお寄せいただく場合は、info@gendaishorin.co.jp まで。

ISBN978 4 7715-1432-1 C0030

『一流を育てる秋山木工の「職人心得」』の読者におすすめの本！

現代書林「元気が出る本」出版部

10人の法則

感謝と恩返しと少しの勇気

西田文郎 著

定価 1,575 円（本体＋税5％）

「あなたが感謝すべき人、10人の名前をあげなさい。そして1年以内、10人全員にあなたの『感謝』を伝えなさい」。能力開発の第一人者、西田文郎先生が伝える「大切な人との絆が深まる成功法則」。人生にきっと奇跡が起こります。

商売はノウハウよりも

「人情力」

清水克衛 著 **さくらみゆき** 絵

定価 1,575 円（本体＋税5％）

「心」のそうじであなたは輝く！「儲かる」とは「信用される者」になることです。江戸時代の思想家、石田梅岩さんの教えに学ぶ“ちょっとおせっかい”な働き方。本当の「成幸（せいこう）」を求めるあなたに贈る10のお話を掲載。

よ～し! やる三 ～成長日記～

出路雅明&HFおてっ隊 著

GEN 画

定価 1,470 円（本体＋税5％）

多くの企業で社員教育に採用！　若者に大人気のアパレル企業の社長とスタッフが、社員教育用につくったマンガが、お客さん、取引先、いろんなところで大評判！　ついに、一冊の本となりました。20代読者におすすめしたい本。

看板のない居酒屋

「繁盛店づくり」は「人づくり」

岡村佳明 著

定価 1,470 円（本体＋税5％）

看板もない、宣伝もしない、入口もわからない居酒屋に、なぜ人は集まるのか？　その秘密は人づくりにあった。人が輝けば、店は輝く！　人とつながり、喜んでもらう「働き方」がここにあります。<解説：西田文郎>